BEI GRIN MACHT SICH IHR WISSEN BEZAHLT

- Wir veröffentlichen Ihre Hausarbeit, Bachelor- und Masterarbeit

- Ihr eigenes eBook und Buch - weltweit in allen wichtigen Shops

- Verdienen Sie an jedem Verkauf

Jetzt bei www.GRIN.com hochladen und kostenlos publizieren

Bibliografische Information der Deutschen Nationalbibliothek:

Die Deutsche Bibliothek verzeichnet diese Publikation in der Deutschen National-
bibliografie; detaillierte bibliografische Daten sind im Internet über http://dnb.d-
nb.de/ abrufbar.

Impressum:

Copyright © 2017 GRIN Verlag, Open Publishing GmbH
Druck und Bindung: Books on Demand GmbH, Norderstedt Germany
ISBN: 9783668519008

Dieses Buch bei GRIN:

http://www.grin.com/de/e-book/374178/wirtschaftslehre-des-baubetriebs-zusam-
menfassung-zur-pruefungsvorbereitung

Kevin Schaefer

Wirtschaftslehre des Baubetriebs. Zusammenfassung zur Prüfungsvorbereitung

GRIN Verlag

Inhalt

1 Grundlagen d. Betriebswirtschaftslehre

1.1 Aspekte d. Betriebswirtschaftslehre

- Leitung d. Betriebes
    - o Planung, Organisation, Kontrolle, Verantwortung
    - o Mittel (= Produktionsfaktoren): Betriebsmittel, Werkstoffe, Information, Arbeitskraft
      → Leistung
- Beschaffung: Bereitstellung d. Betriebsmittel, Werkstoffe
- Lagerwirtschaft: Waren bis zum Verbrauch lagern
- Personalwirtschaft: Bereitstellung, Verwaltung d. Arbeitskräfte
- Absatzwirtschaft: Vermarktung erstellter Güter, Dienstleistungen
- Finanzwirtschaft: Verwaltung von Zahlungen (= Erlöse), Beschaffung and.er Geldmittel
- Rechnungswesen: Aufzeichnen d. Güter-, Geldströme
- Allgemeine ↔ spezielle Betriebswirtschaftslehre
- Betrieb
    - o wirtschaftliche, technische, soziale Einheit
    - o planvoller Einsatz von Produktionsfaktoren zur Güter-, Dienstleistungsproduktion
- Ziel BWL: mithilfe fundierter Instrumente Entscheidungen treffen, Probleme lösen

Sektoren d. Wirtschaft			
Primär (Urerzeugung)	Sekundär (Weiterverarbeitung)	Tertiär (Handel, Dienstleistungen)	Quartär (öffentl. Gemeinwesen)
Rohstoff-, Energiegewinnung	Industrie Handwerk	Handel E-Commerce Dienstleistungen (z.B. Versicherungen)	Einrichtungen (z.B. d. Kommunen)

1.2 Aufgaben d. BWL

- Wirtschaftliche Aspekte: Preise, Absatzzahlen, Erlöse, Kosten
- Technische: Produktionsverfahren, Auswahl geeigneter Maschinen
- Rechtliche: Rechtsformen d. Betriebe, Verträge, arbeits-, wettbewerbsrechtliche Probleme
- Soziale: im Betrieb arbeitende Menschen

1.3 Notwendigkeit d. Wirtschaftens

- Unbegrenzte Anzahl Bedürfnisse durch persönliches Mangelempfinden, verbunden mit Wunsch und Dringlichkeit Mangel zu beheben
- Bedarf: Teil d. Bedürfnisse, d. durch Einsatz persönlicher Mittel befriedigt werden kann (Eigenleistung)
- Nachfrage: Teil d. Bedarfs, d. am Markt wirksam wird → Kaufkraft
- Markt: Ausgleich d. Knappheit durch Angebot, Nachfrage

1.4 Arten wirtschaftlicher Güter (Mittel zur (un-)mittelbaren Bedürfnisbefriedigung)

- Konsumgüter ↔ Produktionsgüter
- Gebrauchsgüter ↔ Verbrauchsgüter
- Leistung durch Einsatz, Kombination d. Produktionsfaktoren

Betriebliche Produktionsfaktoren			
Dispositiver Faktor	Originäre Faktoren		
Leitung	Ausführende Arbeit	Betriebsmittel	Werkstoffe
• Zielsetzung • Planung • Entscheidung • Organisation • Kontrolle	• Gelernte ↔ ungelernte • Repetitive ↔ kreative • Körperliche ↔ geistige	• Grundstücke • Maschinen • Betriebsausstatt. • Geschäftsausstatt.	• Rohstoffe • Hilfsstoffe • Betriebsstoffe • Handelswaren

1.5 Ökonomische Prinzip

Maximalprinzip	↔	Minimalprinzip
Gegebene Mittel → großes Ziel		Minimale Mittel ← gesetztes Ziel
Nutzenmaximierung		Ausgabenminimierung
Gewinnmaximierung		Kostenminimierung

1.6 Merkmale d. Begriffe Unternehmen, Betrieb

- Leistungserstellung (Produktion): Planvoller Einsatz d. Produktionsfaktoren
- Leistungsverwertung (Absatz): Güter anderen Wirtschaftseinheiten zur Verfügung stellen auf Absatzmarkt
- Erwerbswirtschaftliche Betriebe
    - Ziel: mit erzielten Erlösen abzgl. aufgewendeter Kosten Gewinn zu erwirtschaften → Motivations-, Lenkungsfunktion
    - Sicherheit, Marktmacht, soziale Verantwortung, Wachstum
- Gemeinwirtschaftliche Betriebe
    - Orientation an Bedürfnisse d. Gemeinschaft, vom öffentl. Gemeinwesen betrieben, bezuschusst
    - Bedarfs-, Kostendeckung

Abgrenzung „Unternehmung", „Betrieb"

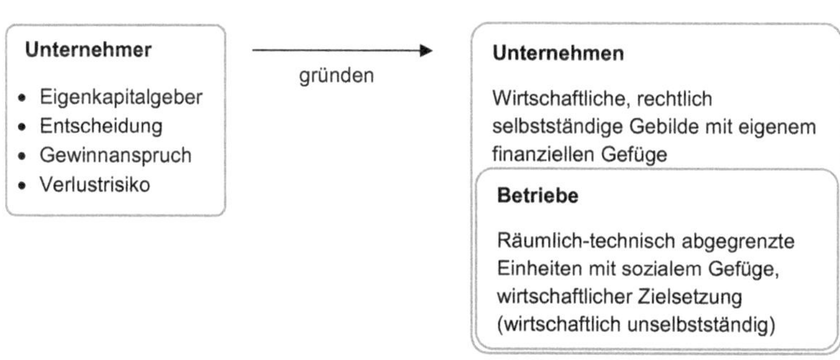

2 Baumarkt, Bauwirtschaft

2.1 Entwicklungen, Trends im Wohnungsmarkt

- Schrumpfende Wohnbevölkerung, Haushaltsgrößen → mangelnde Wohnungsbauten
- Modernisierung aufgrund demografischer Entwicklung, Energieeffizienz als stabilisierende Kraft im Wohnungsbau
- Boom in Gebäudesanierung durch vereinfachte Sanierung (2006)

2.2 Gesamtentwicklung Baumarkt, Bauwirtschaft

- Wirtschaftsbau: wenig Veränderung
- Öffentl. Bau: Stagnation, Rückgang an Bauinvestitionen durch Umschichtung zu konsumtiven Leistungen
- Produktivitätsentwicklung deutlich schlechter als andere Branchen
- Strukturwandel im Markt: neue Techniken, Produkte, Organisationsformen
- Abnahme d. Beschäftigtenzahlen in reduzierter Ausprägung
- Zunehmende Kleinteiligkeit d. Marktes
- Attraktivitäts-, Imageverlust

3 Organisationsstrukturen, Managementfunktionen im Baubetrieb

3.1 Besondere Bedingungen d. Bauproduktion

3.1.1 Auftragsfertigung

- Bereitschaftsbetriebe
- Trennung Produktplanung, Produktfertigung → erhöhtes Kapazitätsrisiko, spezielle Erfordernisse für Unternehmensorganisation
- Reduzierung von Eigenleistungen, Einsatz von Nachunternehmern
- Betreibermodelle: Kombination von Sach-, Dienstleistungen
- Technische Qualität zwingend notwendig, aber nicht hinreichend → strategische Aufgaben, Managementqualitäten entscheidend

3.1.2 Fertigung auf Bestellung: Anforderungen

- Kunden-, auftragsnah agieren
- Weites Leistungsspektrum: flexibel auf Veränderungen in Nachfrage reagieren
- Kompetenzen entwickeln → Auftragssuche
- Intensive Kundenpflege → Nachfrageabhängigkeit reduzieren
- Risiken aus Bauverträgen effizient managen

3.1.3 Nicht stationäre Einzelfertigung

- Industrie d. „wandernden Fabriken"
- Produktionsvorbereitung
  - Wahl Bauverfahren, Geräte
  - Einrichtungsplanung
  - Ablauf-, Termin-, Bedarfs-, Kapazitätenplanung
  - Planung Eigen-, Fremdleistungen
- Baubetriebliche Produktionsprozesse: Leistungsfähigkeit, Verfügbarkeit, Qualität, Sicherheit
- Produktionsablauf
  - Bauwerkskonstruktion, Bauvertrag, Verfahren

  o Vertragstermine, -fristen
  o Bauablauf-, Bauzeitenplanung, Personaleinsatzplanung

3.1.4 Preisbildung vor Produktionsbeginn

- Angebotene, verhandelte, beauftragte Preise bindend, Preiskorrekturen nur Ausnahmefälle
  (= Dilemma Situation)
- Qualität, Verlässlichkeit d. Kalkulation besonders existenz-, erfolgsbestimmend

3.2 Organisationsstrukturen im Unternehmen

Aufbauorganisation (Systemelemente, Strukturen, Abteilungen)	traditionell/Statisch	Ein-, Stab-, Mehrlinien-, Matrixsysteme
	innovativ/dynamisch	Teamorganisation, projekt-, kundenorientierte Organisation
Ablauforganisation (Systembeziehungen, Funktionen, Aufgaben)	traditionell	Kalkulation, Arbeitsvorbereitung, Mahnwesen, Gehaltsabrechnung
	innovativ	Strategieentwicklung, Marketing, Risikomanagement, Wertschöpfung

3.3 Mögliche Strukturen d. Aufbauorganisation

Systembeziehungen

- Zentralisierung
  - \+ Höhere Spezialisierung   – Bürokratie
  - \+ Ausgebildete Fachkräfte mit mehr Erfahrung – Größere Informationslücken
  - \+ Bessere Kapazitätsauslastung   – Anonymität, weniger Identifikation
- Unterstellung: Einfach-, Mehrfachunterstellungen
- Befugnisse: Vollkompetenz (= Linienstellen), Teilkompetenz (= Stabstellen)

3.3.1 Liniensysteme

Ein-Liniensystem

- Einfachunterstellung
- Vollkompetenz
- Eindeutige Kompetenzstruktur
- Genau definierte Aktionseinheit
- Längere Instanzenwege = schwerfällig

Stabliniensystem

- Einfachunterstellung
- Voll-, Teilkompetenz
- Stäbe = Leitungshilfsstellen beratend. Funktion (Stabshierarchie)
- Entlastung d. Linieninstanzen

Mehrliniensystem

- Mehrfachunterstellung
- Anweisungen auf kürzestem Wege
- Kompetenzüberschreitungen
- Prioritäten sind festzusetzen, schwierige Erfolgskontrolle

3.3.2 Matrixsystem

- Mehrfachunterstellung
- Doppelte Fachressorts, Produktionszweige
- Divisionale Organisationsform
- Ergebnisverantwortung bei Sparten, fachliches Know-how in Ressorts

3.3.3 Teamorganisation

- Vorsitzende eines untergeordneten Teams = Gruppenmitglied eines übergeordneten Teams
- Höherer Leistungsgrad
- Ausreichende Kommunikations-, Interaktionsbedürfnisse
- Verbesserung d. Entscheidungsqualität (Teamentscheidungen)

3.3.4 Struktur d. Aufbauorganisation in Bauwirtschaft

- Mischung funktionaler, operativer Gliederungsprinzipien
- Größere überregional tätigen Unternehmen → regionale Gliederung operativer Einheit
- Spartengliederung: als Holding-Organisation mit ausgeprägter Verselbstständigung

+ Kundennähe	– Schwierige Integration: strategisch orientierte Unternehmensleitung ↔ operativ orientierte Niederlassung
+ Anpassungsfähigkeit	
+ Unternehmerisches Verhalten durch weitreichende Autonomie	– Erschwerte Abgrenzbarkeit Kontrolle
+ Profit-Center: Ergebnisverantwortung	– Erschwerte Nutzung Synergien
+ Steuerung über Kennzahlen durch Unternehmensleitung	

3.3.4.1 Regionale Organisation

- Gliederung nach Regionen
- Niederlassungsübergreifende Funktionen durch Zentralabteilung
- Orientation an fachliche Funktionen, mit Stabscharakter ohne Weisungsbefugnis

3.3.4.2 Divisionale Organisation

- Gliederung nach Regionen, Produkten, -gruppen, Kunden in Sparten
- Große Bauunternehmen: Mischung aus regionaler, divisionaler Organisation

3.4 Ablauforganisation

3.4.1 Funktionsbereiche im Unternehmen

- Raumzeitliche Aspekt, organisatorischen Elemente
- Ziel: Arbeitsgänge lückenlos aufeinander abgestimmt

3.4.2 Markt

- Als äußere Einflussgröße auf Entfaltungsmöglichkeiten
- Marktsituation
  - Methodische Erkundung, Bestimmung d. Stellung am Markt
  - Untersuchung d. Beschaffungsmärkte, Absatzmarktes, Aufnahmefähigkeit
  - Motivanalyse, Analyse von Informationsquellen
  - Untersuchung d. Standortfragen

- Marktentwicklung
  - Allgemeine Bestimmungsfaktoren (Konjunktur, Ausgabenpolitik)
  - Bedarfsverschiebungen
  - Allgemeine Marktbeobachtung

3.4.3 Leistungsstruktur

- Leistungsbreite aller Sparten
  - Einengung führt zu größerer Spezialisierung, Rationalisierung, aber Krisenanfälligkeit
  - Ausweitung zu größerer Sicherheit gegen Marktschwankungen, aber Auslastung vorhandener Kapazitäten gefährdet
- Leistungstiefe sämtlicher Leistungen
  - Tendenz zur Vergrößerung d. Tiefe → Unabhängigkeit, Ausbau eigener Marktmacht
  - Bsp. schlüsselfertige Ausführung

3.4.4 Betriebsgröße

- Legt Geschäftspolitik fest (Umsatzsteuerung, Beschäftigtenanzahl, Gerätekapazität)
- Zahl d. Beschäftigten lässt keinen Schluss auf Betriebsgröße zu

3.5 Führungsorganisation

3.5.1 Defizite traditioneller Organisationstrukturen

- Lücke: Selbstdarstellung nach außen ↔ Unternehmenskultur
- Unklarheit, Uneinigkeit → unzureichende Erfüllung d. Kundenerwartungen
- Zeit-, Energieverbrauch durch Regelung unternehmensinterner Gegebenheiten
- Kunden-, marktbedarfsgerechte Leistungspakete durch organisatorische Abgrenzung nicht bedient
- Passive Mitarbeiterhaltung gegenüber Organisationsveränderungen
- Interaktionsdefizite
- Verständnislücken
- Bürokratisierung, hohe Schnittstellenintensität

3.5.2 Anforderungen an zukünftige Führungsorganisation

- Dezentralisierung mit Rationalisierungspriorität
- Hierarchieverflachung
- Führung als Knotenpunkt
- Personalentwicklung, Berater
- Lernende vernetzte Organisation
- Selbstorganisation, Synergien
- Organisationsentwicklung
- Bewusstseinswandel, Mitarbeiterverständnis
- Auswahl von Innovationsfeldern auf Kernkompetenzen konzentrieren
- Kundenorientierung
- Überführung von Teilprojekten, optimierte Insellösungen in übergeordnete Gesamtlösungen → schlagkräftige Wirtschaftlichkeitsverbesserungen
- Organigramm als Annäherung → Rahmen errichten, Organisation organisch einfügen
- Ausgreifende Lern-, Optimierungsschleifen schaffen
- Effiziente, kundenorientierte Geschäftsprozesse
- Überschaubare, flexible Unternehmensstrukturen
- Motivationsfördernde Führungskonzepte (= Führungskultur)

Organisationsprinzipien für erfolgreiches Projektmanagement

- Leistungsdenken
- Prozessverantwortung
- Definierte Verantwortung = Schnittstellendefinition
- Messbare Prozessqualität
- Aufgabenerfüllungsspielräume
- Informationstransfer
- Organisatorische Einfachheit, Klarheit

3.6 Rechtsformen für Unternehmen

3.6.1 Einzelunternehmung

- Von einer einzelnen Person betrieben

3.6.2 Unvollständige Gesellschaftsformen

3.6.2.1 Stille Gesellschaft

- Stille Beteiligung, vertragliche Vereinigung zwischen Kaufmann, Kapitalgeber
- Einlage geht in Vermögen d. Kaufmanns über, erhält Anteil am Gewinn
- Im Konkursfall Gläubiger

3.6.2.2 Gesellschaft bürgerlichen Rechts (BGB-Gesellschaft)

- Vertragliche Vereinigung von Personen mit gemeinsamen Ziel durch Vertrag auf bestimmte Weise zu erreichen
- Keine rechtsfähige Personenvereinigung, keine Handelsgemeinschaft → unterliegt BGB
- Arge
    - Sonderform einer BGB (GbR)
    - Unternehmen arbeiten auf Grundlage eines Arge-Vertrags in loser Form projektbezogen zusammen
    - Leistet im Vertrag fixierten Beiträge, behält wirtschaftliche Unabhängigkeit

3.6.3 Personengesellschaften

3.6.3.1 Offene Handelsgesellschaft (OHG)

- Mindestens zwei Gesellschafter
- Haftung unbeschränkt, unmittelbar, solidarisch mit Geschäfts-, Privatvermögen
- Betreiben unter gemeinsamen Firma ein Handelsgeschäft

3.6.3.2 Kommanditgesellschaft (KG)

- ≥ 2 Gesellschafter gründen unter gemeinsamen Firma ein Handelsgeschäft
- Mindestens ein Gesellschafter haftet unbeschränkt (Komplementär), mindestens einer mit Kapitaleinlage (Kommanditist)

3.6.3.3 GmbH & Co KG

- Kommanditgesellschaft
- Komplementär = GmbH

3.6.4 Kapitalgesellschaften

3.6.4.1 Aktiengesellschaft (AG)

- eigene Rechtspersönlichkeit (juristische Person)
- Haftung für Verbindlichkeiten nur mit Gesellschaftsvermögen
- Gesellschafter (Aktionäre) mit an Anteilen in Wertpapiere (Aktien) zerlegtes Grundkapital d. Gesellschaft

3.6.4.2 Gesellschaft mit beschränkter Haftung (GmbH)

- Juristische Person
- Gesellschafter mit Stammeinlagen am Stammkapital beteiligt, Haftung i.H. Stammeinlagen
- Einmann-GmbH möglich

3.6.4.3 Kommanditgesellschaft auf Aktien (KGaA)

- Mindestens ein Komplementär, d. Gesellschaftsgläubigern gegenüber unbeschränkt haftet
- Kommanditaktionäre in Aktien an zerlegtem Grundkapital beteilig, ohne persönliche Haftung

3.6.5 Besondere Gesellschaftsformen

3.6.5.1 Genossenschaft (eG)

- Gesellschaft mit nicht geschlossener Mitgliederzahl
- Juristische Person
- Förderung d. Erwerbs, Wirtschaft ihrer Mitglieder (Genossen) mittels gemeinschaftlichen Geschäftsbetriebs
- Haftung mit Gesellschaftsvermögen, ggf. bis festgelegter Haftsumme

3.6.5.2 Versicherungsverein auf Gegenseitigkeit (VVaG)

- Privatversicherungsgesellschaft mit juristischer Person
- Kunden mit Abschluss d. Versicherungsvertrags Mitglied d. Vereins

3.6.5.3 Partnergesellschaft (PartG)

- OHG ähnliche Gesellschaftsform
- Zusammenschluss Angehöriger d. freien Berufe

3.7 Unternehmens-, Projektabwicklungsformen

3.7.1 Auftraggeber

3.7.1.1 ÖAG

- Durch Erlass von Bundesbehörden VOB zwingend
- Umfangreiche Bauleistungen in Lose geteilt (Teillose) getrennt an „Fachlose" geteilt
- Direktes Vertragsverhältnis zw. AG, (Fach-)Unternehmen

3.7.1.2 Private AG

- VOB nicht zwingend, privater Bauherr neigt vorteilhafte Regelungen aus VOB zu übernehmen
- VOB schafft weitgehend ausgewogenen Interessensausgleich
- Häufige Verwendung: Mischform Werkvertrag (§631ff. BGB), VOB-Regelungen
    - Bietet großen Gestaltungsrahmen
    - Verpflichtet Bauunternehmen gegen Vergütung bestimmtes Bauwerk zu erstellen

o   Meist bei Generalunternehmer (GU)-, Generalübernehmer (GÜ)-Verträgen

3.7.2 Unternehmenseinsatzformen

3.7.2.1 Hauptunternehmer

- GmbH, KG, AG
- Regelfall bei Aufträgen ÖAG
- Einsatz v. Nachunternehmern als Regelfall (→ Kapazitätsauslastung/fehlende Spezial.)
- § 4 Nr. 8 Abs. 2 VOB: bei ÖAG ist VOB bei Nachunternehmerverträgen zwingend

3.7.2.2 Nachunternehmer

- Ausführung abgeschlossener Teilleistungen eigenverantwortlich mit eigenen Bauleitern

3.7.2.3 Generalunternehmer

- Regelfall im schlüsselfertigen Hochbau (→ Vielzahl an Ausbaugewerken)
- Vorteil für BH: Koordinierung sämtlicher ausführenden Beteiligten auf GU übertragen
- Übergabe auf Festpreisbasis zu definierter Qualität zum vereinbarten Termin
- GU-Eigenleistung zumeist Rohbau
- Vertragsverhältnis zw. BH, GU; NU Forderungen nur gegenüber GU geltend
- Generalunternehmerausschreibungen über funktionale Baubeschreibungen in Festform
  → nach § 15 Abs. 1 Nr. 5 HOAI meist auch Ausführungsplanung

3.7.2.4 Generalübernehmer

- Selbst keine eigenen Bauleistungen, vergibt sämtliche Teilleistungen an NU
- Koordination aller kaufmännischer, organisatorischen, technischen Abläufe
- Werkvertrag zw. BH, GÜ
- Risikominimierung durch Weiterleitung aller eingegangenen Verpflichtungen, Risiken an NU,
  da volle Haftung gegenüber AG

3.7.2.5 Totalunternehmer/Totalübernehmer

- Bauleistungen + Planungsleistungen (u.a. Entwurfs-, Genehmigungsplanung)

3.7.2.6 Baubetreuer/Projektsteuerer

- i.A., auf Rechnung d. BH
- Verwaltung d. Geldmittel, vorbereitende Arbeiten zum Vertragsabschluss
- Werkvertrag: Fokus d. Betreuungsleistung auf Technik, Planung
- Dienstvertrag: auf Wirtschaftlichkeitsermittlungen, Vermietungsfragen, etc.

3.7.3 Arbeitsgemeinschaften (Argen)

3.7.3.1 Gründe für die Bildung

AN	Betriebswirtschaftl.
	• Fehlende Kapazität
	• Risikoverteilung
	• Liquidität, Finanzierung
	• Angebotspreis, Wettbewerb
	Geschäftspolt.
	• Firmenimage
	• Erweiterter Zugang zu Großprojekten

	• Spezialisierung • Markteintritt
AG	• Risikoreduzierung durch gesamtschuldnerische Haftung • Umfangreicheres Knowhow • Preisreduzierung • Gegengeschäfte • ÖAG: konjunkturpolitisch

3.7.3.2 Rechtliche Grundlagen

- Angebotsstadium: Bietergemeinschaft über Vorvertrag → Arge im Auftragsfall
- BGB-Gesellschaft nach § 705ff. BGB, Rechtsfähigkeit umstritten
- Eigene Rechtspersönlichkeit, sofern Teilnahme am Rechtsverkehr
  (aktiv im Zivilprozess, passiv parteifähig)
- Mustervertrag, Dach-Arge-Vertrag, Los-Arge-Vertrag
- Bei ÖAG: VOB zwingend, Arge als Einzelbewerber
- haftet gesamtschuldnerisch
- Weiterführen durch verbleibende Gesellschafter bei Ausscheiden Eines, Beteiligungsquote
  verteilt im Verhältnis zu ihrer Beteiligung
- Verhältnis auch für Anteil an Gewinn/Verlust festgelegt

3.7.3.3 Organe

- Aufsichtsstelle (Gesellschafterversammlung): Entscheidungen von grundsätzlicher
  Bedeutung, Rechtsstreitigkeiten
- Technische Geschäftsführung
  - überwacht Bauarbeiten
  - gegenüber Bauleitern weisungsbefugt
  - Arge-Vertretung gegenüber AG, Verhandlung
- Kaufmännische Geschäftsführung
  - Lohn-, Gehaltsbuchhaltung
  - Beschaffung, Verwaltung v. Geldmitteln
  - Einkaufverwaltung
  - In Abstimmung mit techn. Führung Ergebnisberechnung, Schlussbilanz

4 Rechnungswesen im Baubetrieb

4.1 Grundbegriffe d. Kosten-, Leistungsrechnung

Auszahlung: barer/bargeldloser Zahlungsvorgang, Betrieb als Zahlungsleistende	Einzahlung: Betrieb als Zahlungsempfänger
Ausgabe: Auszahlungen, Schuldenzugänge	Einnahmen: Einzahlungen, Forderungszugänge
Aufwand • Gesamter Wertverbrauch • Ordentlich (z.B. Löhne), außerordentlich (Forderungsausfall), betriebsfremd (Spenden)	Ertrag • Gesamter Wertzuwachs einer Periode • Ordentlich (z.B. Bauleistung), außerordentlich (Verkaufserlöse), betriebsfremd (Kursgewinne)
Kosten: Wertverbrauch i.R. betrieblicher Leistungsprozesse	Leistung: Wertezugang i.R. Betriebsprozesses (Ergebnis betriebl. Tätigkeit)

4.2 Aufgaben, Ziele d. Rechnungswesens

- Unternehmerisches Tun, Ziel: nachhaltige Gewinne
- Betriebliches Rechnungswesen: hinein-, herausfließende Ströme in Belegen gefasst, auswerten
- Je nach Größe mit unterschiedlichen Anforderungen, zur Buchführung, Rechnungslegung verpflichtet (fortlaufend, lückenlos)
- Dient
    - Betriebsleitung zur Überwachung, Kontrolle d. Wirtschaftlichkeit, Planungszwecke
    - Gesellschaftern, Gläubigern: Vermögens-, Ertragslage

4.3 Teilgebiete d. baubetrieblichen Rechnungswesens

4.3.1 Externe Rechnungswesen (Unternehmensrechnung)

- Bilanz: Gegenüberstellung Kapital, Vermögen (Stichtagsrechnung)
- Gewinn-, Verlustrechnung (GuV): Gegenüberstellung Aufwand, Ertrag (Zeitraumrechnung)
- Vergangenheitsorientierte Dokumentation, Rechenschaftslegung
- Durch handels-, steuerrechtliche Vorschriften festgelegt

4.3.1.1 Bilanz

- In Kontenform, Höhe, Art, Zusammensetzung unternehmerischen Vermögens zu bestimmten Zeitpunkt
- Dokumentationsfunktion: verbindliche Auskunft über vorhandenes Vermögen
- Gewinnermittlungsfunktion: Vergleich Eigenkapital Beginn, Ende d. Geschäftsjahres unter Berücksichtigung d. Einlagen, Entnahmen
- Informationsfunktion: Selbst-, Drittinformation
- (Mindest-)Gliederung nach § 266 HGB verbindlich festgelegt
- Aktivseite (Mittelverwendung)
    - Anlagevermögen
        - Immaterielle Vermögensgegenstände: entgeltlich erworben (z.B. Konzessionen, gewerbliche Schutzrechte)
        - Sachanlagen: z.B. Betriebs-, Geschäftsausstattung
        - Finanzanlagen: z.B. Beteiligungen
    - Umlaufvermögen: aus dem Umsatz hergestellte Produkte
        - Vorräte: „unfertige Erzeugnisse, Leistungen" = im Bau befindliche Bauvorhaben bis Abnahme; „Geleistete Anzahlungen" = Vorleistungen d. AG

- Forderungen: aus Lieferungen, Leistungen
        - Wertpapiere: nur kurzfristige gehaltene
        - Schecks, Kassenbestand, etc.
    - o Rechnungsabgrenzungsposten (ARAP)
        - Abgrenzung Ausgaben aus abgelaufenen Jahr für Aufwendung d. kommenden Jahres
- Passivseite
    - o Eigenkapital
        - Ohne zeitliche Begrenzung zur Verfügung stehende Mittel durch Zuführung/Verzicht auf Gewinnausschüttung
        - Gezeichnetes Kapital: Ausgabe von Aktien aufgebrachtes Kapital
        - Kapitalrücklage: Agio (Aufschlag auf Nennwert) bei Ausgabe von Aktien
        - Gewinnrücklagen: thesaurierte Gewinne, im Unternehmen bleiben
        - Gewinn-/Verlustvortrag: Jahresergebnisteil, d. in Vorjahren nicht verwendet wurde
        - Jahresüberschuss-, Fehlbetrag: Differenz Erträge, Aufwendungen (→ GuV)
    - o Verbindlichkeiten
        - Zahlungs-/Lieferverpflichtungen am Bilanzstichtag
    - o Rückstellungen
        - Bildung durch AG, sobald mit ungewissen Aufwendungen, mit Entstehungsgrund im alten Jahr, zu rechnen ist
        - Drohende Verluste in d. abgelaufenen Periode als Aufwand zu werten
        - Bei Eintritt erfolgsneutral zu verbrauchen, wenn nicht, zu Erträgen im Jahresüberschuss
    - o Rechnungsabgrenzungsposten (PRAP)
        - Einnahmen, vor Bilanzstichtag eingegangen, aber Erträge d. neuen Jahres darstellen

4.3.1.2 Gewinn-, Verlustrechnung

- Neubeginn zu jedem Geschäftsjahr
- Aufwendungen: Werteverzehr durch Güterverbrauch, Inanspruchnahme von Dienstleistungen
- Saldo: positiver Wert → Jahresüberschuss
- Kontenform
    - o Habensaldo (rechte Seite) bei Verlust
    - o Sollsaldo (linke Seite) bei Gewinn
- § 275 HGB Staffelform für Kapitalgesellschaften zwingend
    - o Anordnung einzelner Positionen untereinander
    - o Vorteil: unterschiedliche Ergebnisse d. Unternehmens ausweisbar

4.3.1.3 Zusammenhang Bilanz, GuV

- Kontenkreise d. doppelten Buchführung (GuV: Erfolgskontenkreis, Bilanz: Bestandkontenkreis)
- Über Jahresüberschuss/-Fehlbetrag miteinander verbunden

4.3.2 Grundsätze ordnungsmäßiger Buchführung (GOB)

- In § 238 Abs. 1 HGB hingewiesen, aber nicht definiert → unbestimmter Rechtsbegriff
- Definiert, wie Sachverhalte erfasst, bewertet, ausgewiesen werden

4.3.2.1 Rahmengrundsätze

- Grundsatz d. Richtigkeit, Willkürfreiheit

- o Abbildung d. wirtschaftlichen Geschehens objektiv, nachprüfbar
  - o Schätzwerte innerhalb bestimmbarer, sachbezogener Grenzen
  - o Verhinderung von Manipulation
- Grundsatz d. Klarheit
  - o Äußere Gestaltung d. Aufzeichnung: eindeutige Bezeichnung, ordentliche Auflistung
    → Verständlichkeit, Übersichtlichkeit
  - o Zusammenfassung, Saldierung unterschiedlicher Posten verboten
    → Vermögensgegenstände, Schulden separat erfassen
- Grundsatz d. Vollständigkeit
  - o Buchungspflichtige Geschäftsvorfälle, bestehende Risiken → Rückstellungen
  - o Pflicht zur Inventur

4.3.2.2 Ergänzende Grundsätze

- Grundsatz d. Stetigkeit
  - o Sorgfältige Periodenabgrenzung, inhaltliche Gleichartigkeit (Begriffe, Schemata)
  - o Änderungen erwähnt
  - o Forderung nach Bilanzkontinuität
- Grundsatz d. Vorsicht
  - o Unsicherheiten über Wertgröße → pessimistisch ansetzen
  - o Zum Bilanzstichtag: nur tatsächlich verwirklichte Gewinne auszuweisen, drohende
    Verluste direkt berücksichtigen

4.3.2.3 Abgrenzungsgrundsätze

- Realisationsprinzip: Gewinn erfolgswirksam, wenn zugrundeliegende Leistung erbracht
- Grundsatz sachlicher Abgrenzung
  - o Bestimmt wann durch Produktion entstehende Aufwendungen, Erträge in Bilanz
    angesetzt werden
  - o Produkte in Produktionsperiode nicht verkauft = max. zu Herstellkosten als Ertrag
  - o Aufwendungen, Periode, sachlich zugehörigen Erträge zugerechnet, zugeordnet
- Grundsatz zeitlicher Abgrenzung: zeitraumbezogene Vermögensänderungen sind
  zeitproportional zu periodisieren
- Imparitätsprinzip
  - o Führt zu ungleicher Behandlung zukünftiger Gewinne, Verluste
  - o Verluste, nicht realisiert, aber mit ausreichend. Sicherheit bekannt, früh
    erfolgswirksam zu erfassen (Realisationsprinzip gilt bei Verlusten nicht)
  - o Für Verluste aus schwebenden Geschäften sind Rückstellungen zu bilden

4.3.2.4 Auswirkungen GOB auf Bilanzierung Bau-AG

Vor Abnahme	
Bilanz	**GuV**
Zu Herstellungskosten (§ 253 HGB) unter Vorräte/Unfertige Erzeugnisse	Zu Herstellungskosten unter Bestandsveränderungen
Nach Abnahme	
Zum Vertragspreis unter Forderungen bzw. Kassenbestand	Zum Vertragspreis unter Umsatzerlöse

4.3.3 Interne Rechnungswesen

- Gegenwarts-, zukunftsorientiert, unterliegt keiner gesetzlichen Vorschrift, gestaltungsfrei

- Kostenrechnungen: Prozesse betrieblicher Leistungserstellung zu erfassen, darzustellen, kontrollieren
- Vergleichsrechnungen: Unternehmensrechnungen vergleichen, Analysezwecke
- Planungsrechnung: zu erwartende zukünftige Entwicklungen erfassen

4.3.3.1 Kostenstellenrechnung

- Kosten auf Kostenstellen verteilt
- Kostenstelle nach räumlich-organisatorischen/sachlichen Aspekten gebildet
- Baustelle = Kostenstelle

4.3.3.2 Kostenträgerrechnung

- Ermittlung d. Kosten betrieblicher Produkte (= Selbstkosten)
- Kosten möglichst genau, verursachungsgerecht auf Kostenträger umzulegen, erzielbaren Erlösen gegenüberstellen
- Kostenträgerrechnung = Bauauftragsrechnung (Kalkulation)

4.3.3.3 Baubetriebsrechnung

- Ermittlung d. mit Kostenträgern erzielten Erfolgs
- Kosten aus Betriebsbuchhaltung, Leistungen gegenübergestellt
- Unterteilung: monatliche Baustellen-Ergebnis-Rechnung, quartalsweise Betriebliche-Ergebnis-Rechnung
- Erfolg ohne Einflüsse außerhalb d. Zeitraums

	Bauleistungen
-	Baukosten
	Brutto-Bauergebnis
-	Allgemeine Geschäftskosten
	Netto-Bauergebnis
±	Sonstige Aufwendungen, Erträge
	Betriebsergebnis

5 Grundlagen d. deutschen Rechts, VOB

5.1 Rechtswesen in Deutschland

- Ordentliche Gerichtsbarkeit, Arbeitsgerichtsbarkeit, Verwaltungsgerichtbarkeit, Sozialgerichtsbarkeit, Finanzgerichtsbarkeit, Verfassungsgerichtsbarkeit
- Rechtsquellen: geschriebene Recht, Rechtsprechung, Gewohnheitsrecht

5.1.1 Privatrecht

- Rechtsbeziehungen zw. einander gleichgestellten Rechtssubjekten
- Schutz rechtlicher Belange d. Einzelnen
- Staatliche Institutionen können privatrechtlichen Vorschriften unterliegen
- Bürgerliches Recht (BGB), Besondere Privatrechtsgebiete
- 1. Buch – Allgemeiner Teil (§§ 1 bis 240 BGB)
    - Geschäftsfähigkeit, Rechtsgeschäft
    - Vertrag zugrundeliegenden Willenserklärungen, Zustandekommen
    - Vertretungsmacht, Verjährung
- 2. Buch – Recht d. Schuldverhältnisse (§§ 241 bis 853 BGB)
    - Vertragliche Beziehungen zw. Personen, Vermittlung wirtschaftlicher Leistungen
    - Regelungen d. Schuldverhältnisse: Leistungserbringung, Rechtsfolgen, Schadensersatzpflicht
    - Typenverträgen: Kauf-, Dienst-, Werk-, Darlehensvertrag, Bürgschaft
    - Ungerechtfertigte Bereicherung, unerlaubte Handlung

5.1.2 Öffentliches Recht

- Recht d. Staates als Träger hoheitlicher Gewalt (= Rechtsprechungsmonopol)
- Unterordnung d. Einzelnen unter das Gemeinwesen
- Bund, Länder: Träger d. Gerichtsbarkeit, Rechtspflege
- Richter: Entscheidungen sachlich, persönlich unabhängig, dem Gesetz unterworfen
- Über-/Unterordnungsprinzip

5.2 Baurecht in Deutschland

Deutsches Baurecht		
Privates Baurecht	**Öffentliches Baurecht**	
	Bauplanungsrecht	Bauordnungsrecht
• Werkvertragsrecht § 631 – 651 • VOB • AGB-Recht • HOAI	• BauGB • BauNVo • ROG	• LBO • Musterbauordnung

5.2.1 Öffentliches Baurecht

- Öffentl.-rechtliche Zulässigkeit von Bauvorhaben im Interesse d. Allgemeinheit
- Bauplanungsrecht: Bodenordnung, Art d. Bebauung
- Bauordnungsrecht
    - Obliegt Bundesländern
    - Zulässigkeit eines konkreten, einzelnen Bauvorhabens
    - Kompetenzen d. Baubehörden

5.2.2 Privates Baurecht

- Regelt gleichberechtigte Rechtsverhältnis d. Baubeteiligten
- Bauvertragsrecht: Verhältnis AG, AN mit Dispositionsmöglichkeiten, Eingrenzung § 157, 242 BGB
- Öffentl. Hand bei Bauaufträgen als gleichberechtigter Partner

5.2.2.1 Werkvertragsrecht nach §§ 631 – 651 BGB

- Schuldvertrag: Unternehmer schuldet als Vertragsleistung einen Erfolg, Besteller zur Entrichtung vertraglich vereinbarter Vergütung verpflichtet
- Grundsätze d. Vertragsrechts (vgl. §§ 1- 240 BGB), Schuldrechts (vgl. §§ 241 – 853 BGB)
  - Abschlussfreiheit
    - Vertragsabschluss als freie Entscheidung
    - Vertragsangebote beliebig abgegeben/angenommen/abgelehnt
    - Bei Bauvertragsabschluss gemäß VOB/A meist bestimmtes Vergabeverfahren vorgeschrieben
    - AG bei Vereinbarung VOB/B einseitiges Anordnungsrecht → Vergütungsfolgen (vgl. § 2 Nr. 5/6 VOB/B)
  - Gestaltungsfreiheit
    - Vertragsinhalt beliebig zu bestimmen
    - ÖAG: Vorschriften beim Vergabeverfahren, AGB, Sittenwidrigkeit (vgl. § 138 BGB)
  - Formfreiheit
    - Verträge grundsätzlich ohne Einhaltung bestimmter Form
    - Formbedürftigkeit → Nachteil d. schwierigen Beweisbarkeit
    - Bausoll durch Leistungsbeschreibung in Text-, Zeichnungsform
- Abgabe eines Angebots nach § 145 BGB für Anbieter i.d.R. bindend → regelmäßig ausdrückliche Bindefristen
- Kein Zustandekommen bei Erweiterungen, Einschränkungen, sonstigen Änderungen → als neues Angebot zu verstehen
- Vertragsabschluss
  - Aufforderung anhand ausgeschriebener Leistungen Angebot abzugeben
  - Zusendung eines Angebotspreises als Angebot (§§ 145ff. BGB)
  - Unveränderte Angebotsannahme

5.2.2.2 Vergabe-, Vertragsordnung für Bauleistungen (VOB)

5.2.2.2.1 VOB/A

- Vergabebestimmung: regelt Geschehensablauf bis zum Bauvertragsabschluss
- Private Auftraggeber sind nicht an VOB/A gebunden
- Abschnitt 1: Basisparagraphen, nationale Vergabe < 5,278 Mio. Euro
- Abschnitt 2: a-Paragraphen, > 5,278 Mio. Euro
- Abschnitt 3: b-Paragraphen, Umsetzung d. EG-Sektorenrichtlinie (Wasser-, Energie-, Verkehrsversorgung), Vergabe von Sektorenaufträgen durch staatliche AG
- Abschnitt 4: SKR-Paragraphen, Vergabe öffentl. Aufträge durch private Sektoren-AG (weniger streng)
- Regelungen für die Kalkulation
  - Leistung eindeutig zu beschreiben, Bedarfspositionen nur in Ausnahmefällen
  - Keine ungewöhnlichen Wagnisse AN aufbürden mit möglichen nichtbeeinflussbaren Ereignissen

o   Allgemeine Bauaufgabendarstellung in Teilleistungen gegliedertes
    Leistungsverzeichnis

5.2.2.2.2 VOB/B

- Rechtliche Beziehungen d. Vertragspartner bis zu vollständiger Abwicklung, einschließlich
  Schlusszahlung, Gewährleistung
- Nicht automatisch gültig, bei jedem Vertrag als Abweichung vom gesetzlichen
  Werkvertragsrecht neu vereinbart
- Gesetzliche Vorschriften d. BGB treten dort zurück, wo VOB/B abweichende Regelungen
  enthält
- Regelungen für Kalkulation
  - Änderung d. Bauentwurfs bleiben AG vorbehalten
  - Nicht vereinbarte Leistungen hat AN auf Verlangen mit auszuführen
  - Neuer Preis bei Berücksichtigung d. Mehr-/Minderkosten
  - Vergütung nach Preisermittlung vor Beginn d. Ausführung

5.2.2.2.3 VOB/C

- Allgemeine Technische Vertragsbedingungen (ATV)
- DIN 18299 „Allgemeine Regelungen für Bauarbeiten jeder Art"
- Nach § 1 Nr. 1 Satz 2 VOB/B automatisch Vertragsbestandteil, bei VOB/B-Einsatz
- Abschnitt 0: Hinweise für Aufstellen d. Leistungsbeschreibung
- Abschnitt 1: Geltungsbereich, Vorrang vor DIN 18299
- Abschnitt 2: Anforderungen an Stoffe, Bauteile
- Abschnitt 3: Anforderungen an Ausführung d. Leistung
- Abschnitt 4: Nebenleistungen, besondere Leistungen
- Abschnitt 5: Abrechnung

5.2.3 Recht d. Allgemeinen Geschäftsbedingungen (AGB-Recht)

- Vorformulierte Vertragsbedingungen, in §§ 305 – 310 BGB übernommen
- Nur Vertragsbestandteil, wenn schriftlich/mündlich mit einbezogen
- Verwender muss vor/bei Vertragsabschluss ausdrücklich hinweisen
- Verhindert ungünstigere Stellung
- Nach Generalklausel § 307 BGB unwirksam, wenn Vertragspartner Verwend. entgegen
  Grundsätzen von Treu, Glauben unangemessen benachteiligt wird

5.2.4 Rechtliche Grundlage von Architekten-, Ingenieurleistungen

5.2.4.1 Architekten-, Ingenieurverträge

- Werkverträge gemäß §§ 631ff. BGB nicht HOAI
- Architekt schuldet als Erfolg dauerhaft genehmigungsfähige Planung, Erstellung eines
  mangelfreien, vertragsgerechten Bauwerks entsprechende Vereinbarungen
- HOAI als Preisrecht, aufgeführten Leistungen nur dann zu erbringen, wenn vertraglich
  vereinbart
- § 3 HOAI Grundleistungen, Besondere Leistungen (→ Leistungsphase 1-9)

5.2.4.2 HOAI

- Legt Mind.t-, Höchstsätze d. Honorare fest
- Ohne allgemeine Auswirkung auf Inhalt d. Architektenvertrags
- Weitere Rechte, Pflichten gesondert zu vereinbaren

- Zunehmend als Basis für allgemeines Architekten-, Ingenieurrecht

6 Kalkulation im Baubetrieb

6.1 Grundlagen Kosten-, Preisermittlung

- AN: Ermittlung eines Angebotspreises für zu erbringende Leistung
- Je besser Planungsqualität, Leitungs-, Baubeschreibung, d.to genauer Preisermittlung
- Vordersätze (Angaben zu jeweils auszuführend. Mengen) vom AG vorgegeben
- Mengenermittlung nach Maßstab
  - o Entwurfs-/Vorentwurfspläne 1:200 = +/- 20%
  - o Entwurfspläne 1: 100 = +/- 10%
  - o Ausführungspläne 1:50 = +/- 3%
- Kalkulation mit künstlichen Positionen, Sicherheitszuschlägen, zusätzliche Stunden, aufgerundete Vordersätze
- Leistungsbeschreibung vom AG
  - o Mit Leistungsverzeichnis nach HOAI nach Ausführungsplanung o. (ungenauer) Entwurfsplanung
  - o Mit Leistungsprogramm aus vorgegebenen/selbst erstellten Entwurfsplanung (ohne) Leistungsverzeichnisse

6.1.1 Kalkulationsverfahren

Leistungsbeschreibung mit Leistungsverzeichnis

- Zuschlagskalkulation über Endsumme
  - o Positionsweise Ermittlung d. bei Leistungserbringung entstehenden Einzelkosten d. Teilleistungen (EKT), Gemeinkosten d. Baustelle
  - o Vorläufigen Angebotssumme - EKT = Umschlagbetrag
  - o Umschlagbetrag durch berechnete Zuschläge auf EKT verteilen
  - o EKT + Zuschlag = Einheitspreis einer Position
- Kalkulation mit vorbestimmten Zuschlägen
  - o Positionsweise Ermittlung EKT
  - o EKT + pauschalen Zuschlag (Gemeinkosten, AGK, W&G)
  - o Ungenauer, erspart detaillierte Ermittlung
- Kalkulation mit fertigen Einheitspreisen
  - o Fertige Einheitspreise ohne vorherige Kostenermittlung
  - o Nur bei wiederholt ausgeführten Bauleistungen
  - o einfachstes, ungenauestes Verfahren
- Divisionskalkulation
  - o (Einzelkosten + Gemeinkosten) / Anzahl produzierter Einheiten = Kosten pro Einheit
  - o Höchst seltene Anwendung

Leistungsbeschreibung mit Leistungsprogramm

- Kalkulation nach Kennzahlen
  - o Gesamtbauleistung über Euro pro m^3 Brutto-Rauminhalt od. pro m^2 Nutzfläche
  - o Sehr ungenau, nicht für verbindliche Angebote, für Kontrollwerte
- Kalkulation mit Grob-, Bauelementen
  - o Grobelemente z.B. Baugrube, Gründung unterteilt in Bauelemente
  - o Nach Gewerken d. VOB/C geordnet, mit Hilfe von Kennzahlen auf jeweils sinnvolle Einheiten d. ausführenden Gewerke bezogen
- Kalkulation mit Kennzahlen nach Kostenarten d. DIN 276
  - o Nutzung auch durch Architekten für Kostenermittlung nach HOAI
  - o Drei Ebenen, unterste durch Standard-Leistungsverzeichnisse unterstützt

- Kalkulation mit Standard-Leitpositionen-Leistungsverzeichnissen
  - Mit vorbestimmten Zuschlägen
  - Detaillierte Kalkulationswerte einschließlich Kosten für Sauberkeitsschicht mit Kosten aus mehreren Positionen in einer Leitposition zusammengefasst
- Angebotsphase: Positionen nicht exakt ermittelt
  - Zeitmangel
  - Mangelnde Fachkraftkapazität
  - Zu hohe Kosten für Angebotsbearbeitung
- Kostenermittlung
  - m^3 umbautem Raum   +/- 15 – 20%
  - m^2 Nutzfläche   +/- 10 – 20%
  - Kennzahlen für Gewerke, Bauelement   +/- 10 – 15%
  - Standard-Leistungsverzeichnisse   +/- 3 – 6%
  - Kostengliederung d. DIN 276   +/- 3 – 6%
  - Vorbestimmte Zuschläge, fertige Einheitspreise +/- 3 – 6%
  - Zuschlagskalkulation über Endsumme   +/- 1 – 2%

6.1.2 Kalkulationsarten

- Angebotskalkulation: nach Leistungsbeschreibung, -verzeichnis Selbstkosten, Preis d. ausgeschriebenen Bauleistung ermitteln → Angebot
- Auftragskalkulation: vor/unmittelbar nach Vertragsschluss mögliche Änderungen
- Arbeitskalkulation: vor Baubeginn, Soll-Vorgaben für Kosten, Leistungen, Ergebnis ermitteln
- Nachtragskalkulation: nach Vertragsabschluss durch AG zusätzlich, geänderte Leistungen
- Nachkalkulation: nach Leistungserstellung Vergleich mit tatsächlich entstandenen Kosten vergleichen → für zukünftige Leistungserstellung über genauere Kalkulationsvorgaben

6.2 Kalkulation beim Einheitspreisvertrag

- Angebotsabgabe, Vertragsabschluss: geringer Handlungsraum d. Wirtschaftlichkeitsbeeinflussung (→ Claim-Management, Abwicklungsoptimierung)
- VOB: allgemeine Darstellung d. Bauaufgabe in Teilleistungen gegliedertes Leistungsverzeichnis
- VOB/C: definiert gewerkeweise „Besondere Leistungen", „Nebenleistungen" (Bestandteile d. geforderten Leistung nicht gesond.t aufzuführen)
- Teilleistungen nach technischer Beschaffenheit, Preisbildung gleichartig sind zusammenzufassen
- Übliche Verfahren: Zuschlagskalkulation über Endsumme
- Kostenarten
  - Lohnkosten
  - Sonstige Kosten (Baustoffe, Transporte, etc.)
  - Gerätekosten
  - Fremdleistungskosten

	Einzelkosten d. Teilleistungen
+	Gemeinkosten d. Baustelle
=	**Herstellkosten**
+	Allgemeine Geschäftskosten
=	**Selbstkosten**
+	Wagnis & Gewinn
=	**Angebotssumme ohne Umsatzsteuer**
+	Umsatzsteuer
=	**Angebotssumme mit Umsatzsteuer**

6.2.1 Lohnkosten

- Aufwandswert * Stundenlohn = Einzellohnkosten
- Lohnstunden je Mengeneinheit = Aufwandswerte, Stundenansätze
- Realistische Aufwandswerte aus Erfahrung, Nachkalkulation
- REFA, Arbeitszeit-Richtwerte-Hochbau (ARH): unverbindliche Durchschnittwerte je nach technischer Ausstattung, Abhängigkeit von Wiederholungen, Lernkurveneffekt anders
- Lernkurveneffekt (2 Wdh. 80% d. Zeit, ab 10 Wdh. Ca. 40%) äußerst günstig zur Ersparnis von Lohnaufwand
- Kalkulatorische Lohn: Tariflohn mit Bauzuschlag, Lohnzusatzkosten, Lohnnebenkosten
- Angebotskalkulation: Mittellohn aus sämtlicher voraussichtlich entstehend. Lohnkosten je Arbeitsstunde

Mittellohn

Grundlohn G		Tarifstundenlohn
	+	Bauzuschlag
	=	Gesamttarifstundenlohn
Mittellohn A	=	Grundlohn G
	+	Zulagen (z.B. Leistung)
	+	Zuschläge (z.B. Erschwernis)
	+	Anteilige Vermögensbildung
Mittellohn AP	=	Mittellohn A
	+	Kosten d. Aufsicht mit (Zulagen, Zuschläge)
Mittellohn APS	=	Mittellohn AP
	+	Soziale Kosten
Mittellohn APSL	=	Mittellohn APS
	+	Lohnnebenkosten

Tätigkeiten nach REFA

Haupttätigkeit	Planmäßige, unmittelbar zur Erfüllung d. Arbeitsaufgabe dienende Tätigkeit
Nebentätigkeit	Planmäßige, nur mittelbar d. Erfüllung d. Arbeitsaufgabe dienende Tätigkeit
Zusätzliche Tätigkeit	Tätigkeit, deren Vorkommen/Ablauf nicht vorausbestimmt werden kann
Ablaufbedingtes Unterbrechen	Planmäßiges Warten auf Ende von Arbeitsabschnitten
Störungsbedingtes Unterbrechen	Zusätzliches Warten infolge technischer, organisatorischer Störungen
Erholen	Unterbrechung d. Tätigkeit zum Abbau d. Arbeitsermüdung
Persönlich bedingtes Unterbrechen	Unterbrechung d. Tätigkeit infolge persönlicher Bedürfnisse

6.2.2 Gerätekosten

- Leistungsgeräte für bestimmte abgrenzbare Teilleistungen, unmittelbar zurechenbar, für Dauer d. Arbeiten dieser TL vorgehalten
- Vorhaltegeräte: für mehrere TL zum Einsatz, dauerhaft vorgehalten, keiner TL unmittelbar zurechenbar, zeitabhängige, nicht mengenmäßige Kosten
- Leistungswert = Geleistete Einheit/Zeiteinheit (E/h)
- Einzelgerätekosten = Kosten d. Gerätestunde/Leistungswert (EUR/E)
- Gerätekosten
  - Einzelkosten d. TL

- o Gesonderte Positionen
- o Ermittlung d. Gemeinkosten
- Gerätevorhaltung
  - o Kalkulatorische Abschreibung
  - o Verzinsung
  - o Reparaturkosten

6.2.2.1 Abschreibung, Verzinsung

- Nutzungsdauer erliegt Werteverzehr → Abschreibung
- Wiederbeschaffung eines gleichwertigen Geräts zu erwirtschaften
- Gerätekosten verursachungsgerecht den Kostenträgern, Perioden zuzurechnen
- Lineare Abschreibung
  - o Über gesamte Nutzungsdauer pro Periode gleiche Abschreibungsbeträge
  - o Ende d. Nutzungsdauer, Wert d. Gerätes = Null
- Kalkulatorische Verzinsung
  - o Erwirtschaftet Zinsen für durch den Kauf d. Geräts verbundenen Mittel
  - o in das Gerät investierte, noch nicht kalkulatorisch abgeschrieben Kapital wird verzinst
  - o Durchschnittszinssatz, Ausgangswert halbe mittlere Neuwert d. Geräts
  - o $k = \frac{100}{v} + \frac{p \cdot n \cdot 100}{2 \cdot v}$ (v – Vorhaltemonate, n = Nutzungsjahre, p = kalk. Zinssatz)

6.2.2.2 Reparaturkosten

- Betriebsbereitschaft → Kosten d. Instandhaltung, Instandsetzung
- Baugeräteliste (BGL)
  - o Instandhaltungskosten während Vorhaltezeit   = 30% Reparaturkosten
  - o Instandsetzung außerhalb Vorhaltezeit   = 70%
- Reparaturkosten (1) = 60% Lohnkosten + 40% Materialkosten
- Reparaturkostenfaktor = 1 + 0,6 * Lohnzusatzkostensatz
- Reparaturkostenfaktor * Reparaturkostensatz * aktueller Neuwert = gesamt. Reparaturkosten

6.2.2.3 Aufbau, Zeitbegriffe d. BGL 2001

- Mittlere Neuwerte, Nutzungsdauern, Abschreibungs-, Verzinsungsbeträge, Reparaturkosten
- Verwendete Durchschnittswerte können im speziellen Fall abweichen
- 21 Geräte-Hauptgruppen: Untergruppen, Geräteart
- Kosten d. Gerätevorhaltung sind zeitabhängig
- Lebensdauer: Zeitspanne zw. Herstellung, Ausmusterung
- Nutzungsdauer: Zeitspanne, erfahrungsgemäß wirtschaftlichen Einsatzes
  - o Beeinflusst durch Verschleiß, Aufwand, Wertminderung durch Witterungseinflüsse, technische Überalterung
  - o Nutzungsdauer nach amtlichen steuerlichen AfA-Tabellen
- Vorhaltezeit: Gerät einer Baustelle zur Verfügung steht, anderweitig nicht disponiert (Beginn/Ende jeweils Absendetag)
- Stillliegezeit: Gerät nicht vorgehalten o. innerhalb Vorhaltezeit durch höhere Gewalt/nicht vergleichbarer Umstände nicht einsetzbar
  - o Innerhalb Vorhaltezeit:
    ≤ 10 volle Abschreibung, Reparaturkosten
    > 10 aufeinanderfolgende Arbeitstage: keine Reparaturkosten, sondern 75% d. Vorhaltesatzes für Abschreibung, zuzüglich 8% Wartung, Pflege
- Einsatzzeit: Gerät zur Leistungserbringung eingesetzt
  - o Betriebszeit

- o Baubetrieblich bedingte Wartezeiten
  - o Verteil-, Verlustzeiten für Vorbereitung, Abschluss
  - o Arbeitszeit d. Geräteführers (Einsatzzeit, Zeit für Wartung)
- Betriebszeit: Gerät unter Last läuft, leistet
- Reparaturzeit: Vorbereitung, Durchführung von Reparaturen auf d. Baustelle

6.2.3 Gemeinkosten

6.2.3.1 Gemeinkosten d. Baustelle (GKB)

- im Leistungsverzeichnis nicht explizit, unvollständig in eigener Position beschrieben →
  Berücksichtigung in Kalkulation!
- Einrichten d. Baustelle, Gerätevorhaltekosten, Kosten für technische Bearbeitung, allgemeine
  Kosten, Bauleitungskosten, Sonderkosten
- Zeitabhängige GKB: Vorhalten d. Baustelleneinrichtung → Erhöhung bei Verlängerung d.
  Bauzeit (→ Worstcase: nicht gedeckt)
- Zeitunabhängige GKB: Einrichten

6.2.3.2 AGK

- Einzelnen Baustellen nicht direkt zugerechnet
- Kosten d. Unternehmensleitung, Verwaltung, Kosten d. Stabsabteilungen, Kosten für zentrale
  Einrichtungen, Steuern, Versicherungen
- Angebotskalkulation: Aufschlag als Quotient aus tatsächlich angefallenen AGK, Bauleistung
  d. vergangenen Jahres
- Planungsrechnung: geplante Bauleistung, AGK d. laufenden Jahres

6.2.3.3 W&G

- Unternehmenswagnisse nicht kalkulierbar, z.B. Konjunkturabschwächung
- Gemeinsamer Zuschlag
- Einzelrisiken einzelner Aufträge, kalkulierbar, in den GKB erfasst

6.3 Angebotskalkulation

- Einheitspreise für spätere Auftragsabrechnung im Leistungsverzeichnis geford.t →
  Zuschlagskalkulation über Endsumme
- Gemeinkosten nach freiem Ermessen d. Unternehmens auf einzelnen Positionen verteilt
- Preispolitische Überlegung nicht zu unterschätzende Rolle!
- Zuschlagssatz auf Kostenart „Geräte, Sonstige, Fremdleistungen" mindestens Summe d.
  Prozentsätze für AGK, W&G → keinen Einfluss auf Angebotssumme, nur auf Einheitspreise
- Verbleibende Anteil restlichen Umlagebetrags auf Kostenart „Lohnkosten" verteilt

6.4 Arbeitskalkulation

- Angebotskalkulation in Arbeitskalkulation überführen
- Dient
  - o Generierung von Soll-Vorgaben
  - o Schaffung einer Grundlage für stichtagsbezogene LM
  - o Basis für Soll-Ist-Vergleiche und Trendermittlung
- Veränderungen d. kalkulierten Preis-Leistungsgefüge eingearbeitet (gewährte
  Preisnachlässe, Massenverschiebungen, Alternativpositionen, Pauschalierungen, technische
  Optimierungen, akzeptierte Sondervorschläge)
- Beziehung zwischen Leistungsverzeichnis, einzelnen Arbeitsvorgängen herstellen

- o Arbeitsvorgänge wieder aufgegliedert
  - o Arbeitsvorgänge, die technisch nicht trennbar sind, wieder zusammengefasst
  - o Für nicht ausgeschriebene Nebenleistungen ergänzende Positionen gebildet
- Anfallende Gemeinkosten möglichst realistisch abbilden, Baustelleneinrichtung wieder als separate Position
- Wirtschaftlichkeitskontrollen, exakte LM allein auf Basis d. Arbeitskalkulation
- Unmittelbar nach Auftragseingang fertiggestellt, schriftlich fixiert
- finanzielle, terminliche Änderungen bei Bauabwicklung in Arbeitskalkulation unberücksichtigt
  → Auswirkungen ersichtlich

7 Angebotsmanagement, Auftragsmanagement, Projektabwicklung

7.1 Angebots-, Auftragsmanagement

- Akquisition: aktive Marktgestaltung, strategisches Verkaufen
- Angebotsmanagement: Angebotsselektion, Prüfung von Anfragen
- Angebotsbearbeitung
    - Kalkulation
    - Sondervorschläge, Ausschreibungs-, Vertragsbedingungen
    - Arbeitsvorbereitung
    - Leistungsabgrenzung, Eigenleistung/Fremdleistung
- Auftragsverhandlung, Vertragsgestaltung
- Auftragsmeldung (intern)
- Auftragskalkulation
- Auftragsmanagement
- Bauvorbereitung
    - Prüfung, Planung, Leistungsabgrenzung
    - Bauverfahrenswahl, Bauablaufplanung
    - Vergabe NU-Leistungen
- Bauleitung
    - Vertrags-, Risikomanagement
    - Terminsteuerung
    - Qualitätsmanagement
    - Arbeitssicherheit
    - Projektcontrolling
    - Abnahme, Inbetriebnahme, Dokumentation

7.2 Angebotsselektion, -bearbeitung

Projekteingang	• Anfragendokumentation • Aufnahme relevanter Projektdaten • Vorauswahl nach Mindestkriterien
Bearbeitungsentscheidung	• Systematische Auswahl geeigneter Projekte • Festlegung Bearbeitungsaufwand durch Klassifizierung • Dokumentation d. Entscheidung
Angebotsstartgespräch	• Planung Angebotsbearbeitung • Benennung heranzuziehend. interner Instanzen • Festlegung von Aufgaben, Zuständigkeiten, Terminen • Informationsversorgung
Ausschreibungsbedingungen	• Analyse ausschreibungsbeeinflussend. Faktoren • Identifizierung von Unklarheiten, Risiken
Baugelände	• Untersuchung Gelände, Umfeld • Bestimmung Risikofaktoren • Festlegung Eckdaten einer Baustellenbegehung
Risikoberücksichtigung	• Bewertung techn., kaufmänn., jurist. Risiken • Leitfaden Risikoberücksichtigung in Kalkulation
Sondervorschläge	• Erarbeitung • Beurteilung von Wechselwirkungen, Auswirkungen, Risiken
Angebotsschlussgespräch	• Prüfung, Optimierung d. Angebotskalkulation • Kalkulationsbewertung, Entscheidung über Zuschläge • Informationsgrundlage für Vertragsverhandlung

Kriterien d. Anfragenselektion

- Eignung für Niederlassung
- Anschlussaufträge
- Erfüllung von Mindestauftragswerten
- Kosten d. Angebotsbearbeitung
- Mögliche Wettbewerbe
- Qualität d. Ausschreibung
- Bonität AG
- Grad d. Kapazitätsauslastung

7.3 Vertragsverhandlung

Vorbereitung	• Systematische Vorbereitung auf Vertragsverhandlung • Abstimmung im Verhandlungsteam
Dokumentation	• Dokumentation geführter Gespräche • Prüfung, Risikobeurteilung von Vertragsänderungen
Entscheidung	• Schlussprüfung Vertragsentwurf • Entscheidung Vertragsentschluss

7.4 Bauvorbereitung/Arbeitsvorbereitung (AV)

- Kreativer Prozess d. Vordenkens → Zeit, Geld sparen
- „So grob wie möglich, so detailliert wie nötig"
- permanente Aufgabe, schwerpunktmäßig nach Auftragserhalt
- Projektbezogen, -übergreifend → Optimierung d. Gesamtauslastung
- Rationalisierungsmaßnahme, Informationssystem, Sicherheitsmaßnahme
- Takt-, Fließ-, Vorfertigung

Kriterien, Aufgaben zur Bauvorbereitung

Übergabegespräch	• Einweisung Bauleitung in Angebot, Vertrag • Übergabe Unterlagen, Verantwortung • Bestimmung erweitertes Projektteam
Projektstartgespräch	• Planung Bauvorbereitung • Benennung Beauftragend. intern • Festlegung Aufgaben, Zuständigkeiten, Termine
Projektplanung	• Koordination, Optimierung Bauvorbereitung • Überprüfung Ergebnisse unterstützenden Fachabteilungen • Erstellung Vorgaben für Baudurchführung
Nachunternehmervergabe	• Anfertigung Leistungsverzeichnis, Vergabeverträge • Verhandlung, Vergabe
Baustellengespräch	• Einweisung, Information, Motivation Bauteam • Optimierung Abläufe, Zusammenarbeit

Schwachstellen bei Bauvorbereitung

- Starke Verzögerung im Bauablauf
- Ad-hoc Lösungen
- Unproduktive Warte-, Stillstandzeiten
- Gegenseitige Behinderung
- Hohe Anzahl Fehlleistungen, Gewährleistungsschäden

Aufgaben d. Arbeitsvorbereitung	
projektübergreifend	**projektbezogen**

<ul><li>Aufstellung arbeitssparend. Hilfsmittel bei häufig wiederkehrenden Problemen</li><li>Wirtschaftlichkeitsuntersuchungen zu Arbeitsmittel, -verfahren</li><li>Kennziffern</li><li>Nachkalkulation/Bauarbeitsstudien</li><li>Marktprogramme, -strategien</li><li>Gestalten von Arbeitsplätzen in Hilfs-, Nebenbetrieben</li><li>Schulungsveranstaltungen</li></ul>	<ul><li>Studium, Prüfung d. Verdingungsunterlagen</li><li>Anträge, Genehmigungsverfahren</li><li>Rechtzeitiges Erwirken wichtiger Entscheidungen</li><li>Mengengerüst, Arbeitsverzeichnis</li><li>Schalungsplanung, Bauverfahrenswahl, Baustelleneinrichtungsplanung</li><li>Bauablaufplanung</li><li>Sonderauswertungen</li><li>Leistungslöhne</li><li>Mitwirkung bei NU-Vergabe</li><li>Laufende Terminüberwachung</li><li>Arbeitskalkulation</li></ul>

7.4.2 Bauzeitenpläne

- AN ohne vertragliche Festlegung frei in terminlicher Disposition
  → Übergabe eines AN-seitigen Bauzeitenplan
- Für beide Vertragsparteien empfehlenswert → gewisse Selbstbindung
- Bestandteil eines Vertrags
  - o enthaltene Fristen zwingend einzuhalten, AG kann Vertrag nach Nachfrist kündigen → Verzugsschaden
  - o Vertragsstrafe
  - o Erleichtert Nachweis eventueller, AG-seitig verursachter Behinderungen (objektiv nachvollziehbare Grundlage) → mögl. Schadensersatzansprüche

7.4.2.1 Balkenplan

- Bauablauf in Vorgänge, Vorgang als Balken
- Leicht verständlich, lesbar, verdichtbar, detailliert
- Verliert mit zunehmend. Größe an Übersichtlichkeit
- Logische Verknüpfungen nur eingeschränkt
- Zu oberflächlich für komplizierte Bauabläufe

7.4.2.2 Netzplan

- Zeitlicher Ablauf als gerichteter Graph mit Anordnungsbeziehungen, Knoten, Kanten
- Berechnung Projektdauer, frühest möglicher, spätest erlaubter Zeitpunkt für Beginn/Ende d. Teilprozesse, Pufferzeiten
- Entscheidungshilfe, Übergänge von Verantwortungsbereichen
- Ermittlung kritischer Arbeiten, zeitliche Kostenanfälle, Kapazitätsbeanspruchung
- Leicht verständliche Übersicht
- Terminfestlegung d. gesamten Ablaufs
- Rechtzeitiges Erkennen von Störungen
- Vergleich von Planungsvarianten

7.4.2.3 Weg-Zeit-Diagramm

- Jed. Vorgang als Linie mit Zeit-, Bauwerksachse
- Höhere Informationsdichte vgl. Balkenplan, Linienbaustellen
- Geschwindigkeiten durch entsprechende Steigung
- Kritische Annäherung sichtbar
- Durch viele Linien unübersichtlich, Planungsvorgänge nicht sichtbar

7.5 Baudurchführung, -steuerung

- Vertragsmanagement
    - o Extern: Leistungsverzeichnis, Ausschreibung, Terminplan, Zahlungsplan
    - o Intern: Angebotskalkulation, -meldung, Baustellenbegehung, Risikobewertung, NU-Anfragen
- Berichtswesen
- Qualitätsmanagement
- Schnittstellenmanagement
- Arbeitssicherheit
- Risikomanagement
- Personalführung
- Projektcontrolling (Leistungsermittlung)

7.6 Schwachstellen in Projektabwicklung

Angebotsselektion	Vertragsverhandlung	Bauvorbereitung	Baudurchführung
• Unzureichende Grundsätze • Unsystematische Auswahl • Geringen Einbindung d. Projektbauleitung • Ungenügende Risiken-Berücksichtigung • Mangelnd. Erfahrungs-austausch	• Zu kurz verhandelte/r Gesamtbauzeit, Planungsvorlauf • Keine verbindlichen Planlieferfristen • Ungenügende Dokumentation	• Unzureichende Koordination • Unverbindliche Durchführung von Übergabegesprächen • Unzureichende Terminplanung, -controlling • Ungenaue Leistungs-verzeichnisse • Ungenaue Bauzeitenplanung	• Mangelhafte wirtschaftliche Steuerung • Unsystematische Koordination • Ungenügende Überprüfung NU • Ungenaue Terminplanung • Mangelnd. Abwehren von Nachträgen • Fehlende Nachkalkulation